Thermodynamik
technischer Gasreaktionen.

Sieben Vorlesungen

von

Dr. F. Haber,

a. o. Professor an der Technischen Hochschule Karlsruhe i. B.

Mit 19 Abbildungen.

München und Berlin.
Druck und Verlag von R. Oldenbourg.
1905.